一看就懂的圖解物理

① 力與運動

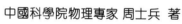

中國科學院物理專家 周士兵 著

星蔚時代 繪

新雅文化事業有限公司
www.sunya.com.hk

一看就懂的圖解物理①
力與運動

作　　者：周士兵
繪　　圖：星蔚時代
責任編輯：劉慧燕
美術設計：劉麗萍
出　　版：新雅文化事業有限公司
　　　　　香港英皇道 499 號北角工業大廈 18 樓
　　　　　電話：(852) 2138 7998
　　　　　傳真：(852) 2597 4003
　　　　　網址：http://www.sunya.com.hk
　　　　　電郵：marketing@sunya.com.hk
發　　行：香港聯合書刊物流有限公司
　　　　　香港荃灣德士古道 220-248 號荃灣工業中心 16 樓
　　　　　電話：(852) 2150 2100
　　　　　傳真：(852) 2407 3062
　　　　　電郵：info@suplogistics.com.hk
印　　刷：中華商務彩色印刷有限公司
　　　　　香港新界大埔汀麗路 36 號
版　　次：二〇二四年四月初版
版權所有‧不准翻印

© 北京星蔚時代文化有限公司 2023
本書中文繁體版由中信出版集團股份有限公司授權
新雅文化事業有限公司在香港和澳門地區獨家出版發行
ALL RIGHTS RESERVED

ISBN：978-962-08-8348-4
© 2024 Sun Ya Publications (HK) Ltd.
18/F, North Point Industrial Building, 499 King's Road, Hong Kong
Published in Hong Kong SAR, China
Printed in China

目錄

力與運動

力與運動

　　我們生活的世界新奇而有趣，因為映入我們眼簾的事物總在變化和運動，而我們也在行走、奔跑、跳躍……用自己的力量成為萬物運動中的一分子。不過，你有沒有思考過以下的問題呢？

　　我們使用的力和我們的運動有什麼關係？物體為什麼會運動？是什麼在驅使萬物運動？我們又該如何控制這些運動？

　　讓我們從最簡單的運動開始，了解世界運轉的秘密，以及和運動息息相關的力的故事吧！

萬物永不停息？物體的運動

什麼是運動？

來運動一下，玩玩滑板吧！

哈哈，我就叫「運動」。這是我的好朋友——力，我們總是形影不離。

你好！

運動，你是體育健將嗎？

哈哈，物理學家用我來描述物體的一種狀態。

你看，在你滑滑板時，從位置 A 滑到了位置 B。在這段時間你的位置變化了，這稱作「機械運動」。

河流中的水、天上的飛機、草叢中的昆蟲、地上跑動的人……位置都在變化，所以我們都可以稱他們在做機械運動。

運動還是靜止？

那我考考你，你現在是運動的還是靜止的？

我一動不動，就是靜止的。

是對，也是不對。

為什麼？

運動太簡單了，不用學物理我都懂。

哈哈，上當了。

因為確定物體是運動還是靜止首先要確定參照物。

如以汽車為參照物，你的位置沒有變化，你就是靜止的。

但如以地面為參照物，因汽車一直載着我們移動，所以我們都是運動的。

物體的運動和靜止是相對的，在確定物體的運動狀態前，一定要確認參照物。

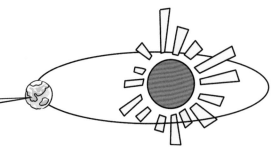

比如城市相對於地球是靜止的，但是地球相對於太陽卻一直在自轉和公轉，所以城市相對於太陽位置一直在變化，是運動的。

其實世間的萬物都是運動的，不存在絕對靜止的物體，只有相對靜止。宇宙就是由時刻都在運動的物體組成的。

運動得快不快？

因為我們的速度比你快多了。

咦？你們已經來到那麼遠？

同樣是二十秒，看我都跑到這裏了。

第一種：
運動時間相同，看運動的距離，距離遠的速度快。

我們用速度來表示快慢，計算速度有兩種方式。

第二種：
運動距離相同，看運動的時間，時間少的速度快。

你真是太慢了，我都在這兒等你一分鐘了。

在機械運動中，按照運動的路線可以分為直線運動和曲線運動。

如果能讓車保持直線行駛，並且速度不變，就是勻速直線運動，這是最簡單的機械運動。

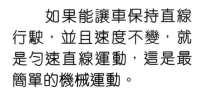

不過，日常生活中更常見的是變速運動。例如，汽車起步，它就是逐漸加速的。

沒想到你有這麼多樣的表現，很高興認識了你。

我也是。

好啦，接下來也介紹一下我吧！

各種各樣的力

認識一下「力」

其實對於我，你可能既熟悉又陌生。

四處走走，你會發現我無處不在。

工地有很多力的存在嗎？

當然！

看，那邊的推土機在推土。

真有趣！

起重機吊起重物。

好高……

挖土機在挖掘地面。

挖得好快。

貨車在運送材料。

其實描述這些現象時所說的動詞，都是在說明力的作用。

推

吊

挖

運

它們的力氣都好大呢！

有這麼多靈活利用力的機械，才能建造出這麼好的體育館。

哇！建得好快啊！

籃球館中也有很多力的存在。

哇，我們進去玩玩吧！

打球也有力的作用嗎？

當然！

比如拋接這個球，由物體與物體直接接觸產生作用的力叫「接觸力」。

哇！厲害！

這次投籃中不僅有接觸力。

也有一些其他的力，比如重力，它會把一切物體拉向地面。

我推球的接觸力讓球飛出去，而重力又讓球落下。

我是重力。

「力」都能做什麼？

嘿，你在這裏玩沙。你對這些沙子用力的效果不錯嘛！

這也和力有關嗎？

當然！力是一個物體對另一個物體的作用，這種作用會產生各種效果。

我來示範一下。

我用力壓這個桶，把它壓到變形了。

堆沙堡就是用力改變沙子的形狀。

力還有一種效果，就是改變物體的運動。

比如，我們可以用力踩腳踏，讓單車跑得更快。

或者我們可以用力來改變這輛車的行駛方向。

力可以讓物體運動或靜止，加速或減速，還可以影響運動的方向。

再刺激一點！

慢點，我要吐了……

呃！

你好弱啊！

影響「力」的效果的三個因素

依據因素不同，力的作用效果也有所不同。

那是什麼因素使它們不同的？

對了！你看那座投石機！

力的大小對效果的影響顯而易見，投石機的力比我的大，造成的效果就明顯。

哇！好大力！

好輕呀！

我幾乎感受不到力。

我的盾牌快被撞壞了。

力越大，效果越明顯。

第二個因素是力的方向。

它是影響力的作用效果的重要因素，向這個方向推，石頭就會向這個方向移動。

射箭時，力的方向不同，箭的落點也不同。

我射的方向太偏了……

以我所受的重力，想要從這裏把你撬起來似乎是不可能的。

同樣的我，換了一個位置就可以輕鬆把你撬起來，重力和力的方向都沒有變，可見用力的位置發生變化，效果也會變得不同。

力的大小、方向和受力位置都可以影響力的作用效果，被稱為「力的三要素」。物理上為了方便分析力，常把受力圖簡化成這模樣來表現三要素。

真有趣！

11

親密無間的好兄弟——力與運動

我在推動滑板時用的力都是相同的，結果卻不同。

這是因為地面不同，阻力不同。阻力越小，滑板滑得越遠。

那沒有阻力會不會一直運動下去呢？

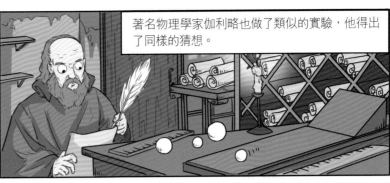

著名物理學家伽利略也做了類似的實驗，他得出了同樣的猜想。

後來，英國著名的物理學家牛頓仔細研究和總結了伽利略等科學家的說法，概括出了一條物理規律，也就是著名的「牛頓第一定律」。

牛頓第一定律：
一切物體在沒有受到力的作用時，會一直保持靜止或匀速直線運動的狀態。

明白了牛頓的理論，我們就能分析出，射出的箭運動的原因了。

弓弦提供了箭運動的動力，離弦後，如果沒有阻力的話，箭會一直匀速向前飛。

不過，因為有重力和空氣阻力，箭還是會掉到地上。

那比如這支箭，它即使掉在地上還會受重力吧！但它為什麼不會一直深入地底，反而是靜止在一個地方呢？

這個問題問得好。

這就要理解什麼叫力的平衡啦！

箭確實一直受到向下的重力，不過當它接觸到地面時，地面會對它產生支撐力，這兩個力的大小相等，方向相反，所以箭不會向下運動。

再比如行駛的汽車，你看我現在以每小時 60 公里的速度匀速前進。

這時車會受到空氣阻力、滾動阻力等一系列的阻力。

不過車的引擎提供了前進的動力，當這個動力與阻力相平衡時，車就會保持匀速前進。

有了我，運動才會改變。

所以我們形影不離。

不想變化——慣性

打開電視就會習慣點開自己常看的頻道。

休息的時候就變得不想動啊！

世間的萬物其實都很相似。

什麼意思？

萬物都想保持自己原有的狀態。靜止的物體想保持靜止，而運動的物體則想保持原有的運動狀態。

我們做的滑板實驗，讓滑板一直前進的就是「慣性」。

慣性會讓運動中的物體趨向保持原來的方向和速度運動下去。

所以如果沒有重力和空氣阻力，這架紙飛機就會一直向前飛。

慣性是一種簡單的性質，它只與物體的質量有關，質量越大的物體慣性越大。

質量是物體的一種屬性，地球上的物體，質量越大，受的重力越大。

為了防止車輛減速或突然停止時，乘客因慣性前移而受傷，人們發明了安全帶。

想要保持自我的彈力

你又在做什麼呢？

看你累得滿頭大汗。

我想給汽車玩具做個彎曲的拱橋軌道，但這塊竹板就是不聽話。

每次我想彎曲它，它就和我對着幹……哎呀！

那是因為竹板不想變形，要恢復原狀，物體都有這樣的性質。

我們用力想改變物體，如拉長、縮短、彎曲……物體都會試圖恢復原來的樣子。這種性質叫「彈性」，在恢復中產生的力就是「彈力」。

是不是感覺我拉得越遠，彈簧上的力量越大？

因為形變程度越大，產生的彈力就越大。

彈力是其中一種人類應用得最早也是最普遍的力。

記得弓箭嗎？它就是利用弓變形後產生的彈力為箭提供飛行的動力。

我們可以用形變的程度來測量力的大小。你看，彈簧測力計拉動到數字1，說明拉力有1牛頓。

「牛頓」是力的單位，簡稱為牛 (N)，1N 大概就是用手托起兩個雞蛋所需的力。

物體從變形到恢復需要一段時間，這期間可以持續釋放彈力，所以一些機械會用彈力作為動力源，比如我們常見的發條玩具。

當我們扭動發條時，會旋轉其中的彈簧，讓它捲起來。

鬆開發條後，變形的彈簧開始復原展開，帶動齒輪旋轉，彈力就傳動到玩具的腿上。

這個玩具行走的動力來自身體中的發條盒。

那我要怎麼戰勝彈力，把竹子彎成橋呢？

其實你不應該用竹子。

彈性是物體的一種性質，彈性大，就很難保持彎曲狀態。

這塊竹板彈性很大，你不容易把它彎成橋。

而且彈性也有極限，超過極限，竹子就會折斷。選用彈性合適的材料才能事半功倍呢！

累死了，我認輸……

🔍 隨處可見的彈力應用

在生活中有很多利用「物體試圖恢復原狀的力」——彈力所製成的東西。例如氣球由彈性較大的橡膠製成，橡膠是一種最容易與彈性應用聯繫在一起的原料。而一些金屬雖然不能像橡膠一樣大幅度伸縮變形，但它們被製成形狀特殊的彈簧，也有着較大的彈性，可被壓縮或拉伸。大多數彈簧都是由鋼製成的。

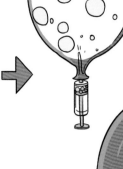

橡膠製成的氣球因充氣產生形變而膨脹得很大。

如果沒有封好氣球的口，氣球的彈力會把空氣壓出去。

當鼓槌敲擊鼓面時，鼓面會拉伸變形，產生彈力。因為鼓面回彈振動而發出聲音。

敲鼓時能感受到鼓槌被彈回。

汽車懸架

車輪以懸架固定在汽車上，即使地面凹凸不平，彈簧的形變也能減輕車輛的顛簸。

此外，彈簧中有避震器，它是一個裝有油的活塞筒，當彈簧壓縮時，活塞筒中的油會跟着上下移動，以減緩彈簧形變的速度和次數，進一步減輕車輛的顛簸。

彈簧可以壓縮和回彈，用來吸收地面的顛簸。

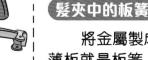

髮夾中的板簧

將金屬製成彎曲的薄板就是板簧，它可以彎曲後回彈，髮夾中就使用了板簧。

板簧懸架

一些用於運輸的車輛會使用板簧結構的懸架以應對顛簸的道路，這樣舒適度雖較低，但承重能力較佳。

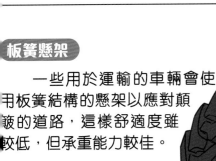

這裏的板簧由一組微微彎曲的條狀鋼板堆疊而成，以鋼板的形變來吸收顛簸。

橡膠輪胎有很好的彈性，可以吸收地面的衝擊，也可輕微形變以應對不平整的地面。

車軸和避震器固定在板簧中間或靠近中間的位置。

搖搖馬的下端連接着彈簧，可以靠彈力來回擺動。

有些彈牀由富有彈性的布料製成，靠布料回彈的彈力來幫助人們跳起來；有些則用拉伸彈簧連接，靠彈簧收縮的彈力來幫助蹦跳。小朋友在玩彈牀時千萬要注意安全！

扭力彈簧

扭力彈簧（扭簧）是繞成圓圈的金屬絲，它可以壓縮變形，提供向外的彈力。

夾子的中間放有扭力彈簧，彈力會讓夾子前端咬合在一起，夾住物體。

運動鞋的鞋底用橡膠製成，在接觸地面時可以輕微收縮，減少地面反衝力對腳造成的疼痛，同時可讓步伐感覺更輕盈。

產生重力的原因——萬有引力

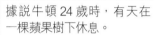

可能有人會想，蘋果掉下是受到地球的吸引。

而牛頓更進一步思考，地球是不是也被蘋果吸引呢？

接着，牛頓又想到月球繞着地球運動，是不是也與蘋果掉下的原因相同。

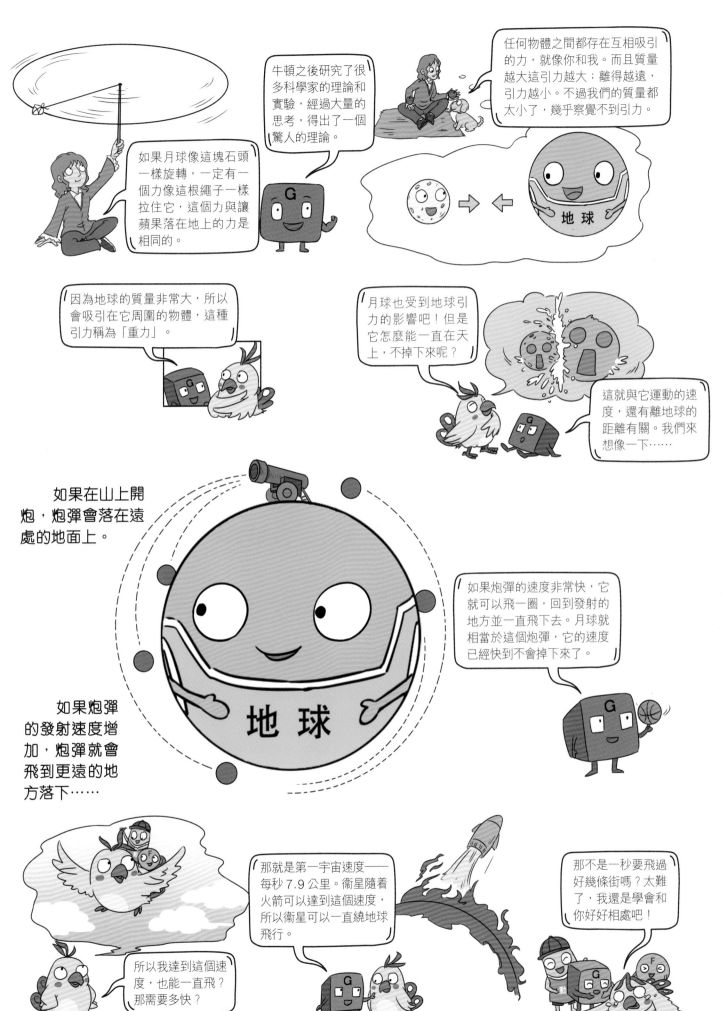

如果月球像這塊石頭一樣旋轉，一定有一個力像這根繩子一樣拉住它，這個力與讓蘋果落在地上的力是相同的。

牛頓之後研究了很多科學家的理論和實驗，經過大量的思考，得出了一個驚人的理論。

任何物體之間都存在互相吸引的力，就像你和我。而且質量越大這引力越大；離得越遠，引力越小。不過我們的質量都太小了，幾乎察覺不到引力。

地球

因為地球的質量非常大，所以會吸引在它周圍的物體，這種引力稱為「重力」。

月球也受到地球引力的影響吧！但是它怎麼能一直在天上，不掉下來呢？

這就與它運動的速度，還有離地球的距離有關。我們來想像一下……

如果在山上開炮，炮彈會落在遠處的地面上。

地球

如果炮彈的速度非常快，它就可以飛一圈，回到發射的地方並一直飛下去。月球就相當於這個炮彈，它的速度已經快到不會掉下來了。

如果炮彈的發射速度增加，炮彈就會飛到更遠的地方落下……

所以我達到這個速度，也能一直飛？那需要多快？

那就是第一宇宙速度——每秒 7.9 公里。衛星隨着火箭可以達到這個速度，所以衛星可以一直繞地球飛行。

那不是一秒要飛過好幾條街嗎？太難了，我還是學會和你好好相處吧！

有用的「麻煩鬼」——摩擦力

決定摩擦力大小的因素之一：
摩擦力與接觸面所受的壓力有關，壓力越大，摩擦力就越大。

決定摩擦力大小的因素之二：
摩擦力與接觸面的粗糙程度有關，接觸面越粗糙，摩擦力越大。

你們完全是幫倒忙啊！

說教我改變摩擦力大小，為什麼都是變大啊！

這是讓你切身體會，深刻理解其中的關係就有辦法了嘛。

稍等，我們再改造一次。

哈哈哈，我縮小了。

加了這些氦氣球，壓力變小了。

輪子是對抗摩擦力的好幫手，它可以轉動來減少摩擦力。

哈哈哈，摩擦力變小了，真好！把摩擦力都變成零吧！

那可不行。你的腳能夠向前走，手可以抓住繩子用力都是因為有我。

手推車用小輪減少摩擦來搬運物品。

單車輪胎與地面摩擦讓單車前進。

汽車有更寬大的輪胎，可以獲得更多摩擦力來前進。

沒有我，世界上的物質就無法正常互相產生作用了。有時加大摩擦力，有時減少摩擦力，才能讓生活更加方便。

你還真是個可愛的麻煩鬼啊！

小貓的爪子與斜坡產生的摩擦力，讓牠可以安心地向上爬。

🔍 促進發明的摩擦力

　　摩擦力是生活中其中一種最常見，也是時刻都在我們身邊發揮作用的力。它既是我們生活中必需的幫手，也會製造各種各樣的麻煩。有了它，我們才能正常地對其他物體產生影響，但是它有時又會增加不必要的阻礙，浪費能量，甚至磨損接觸的物體。人類為了利用和減少摩擦，創造出了眾多有趣的發明。

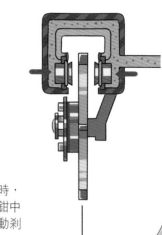

騎車人捏下剎車時，會推動油壓剎車鉗中的活塞，活塞推動剎車片壓住剎車盤。

用摩擦力制動的剎車卡鉗

　　電單車車輪上的剎車片與剎車盤接觸產生摩擦力，壓力越大，摩擦力越大，有了摩擦力，車輛就可以剎車了。

「踩」着空氣的氣墊船

　　氣墊船有充氣襯墊呈曲線形罩在船體底部。未充氣時，它是扁扁的；當有空氣吹入時，它會像輪胎一樣鼓起來。不過它的底部並不是密封的，可以讓空氣從下方排出去。

船上有強力鼓風機或風扇，可以把空氣不斷抽向船體下部的充氣襯墊中。

氣墊船特殊的運作原理讓它可以在沼澤、冰雪和礁灘等特殊地形上行駛，是軍事中理想的登陸作戰裝備。

大量的高壓空氣從充氣襯墊底部吹出，把船身頂起，中間是空氣層，船底與地面或水面沒有直接接觸，所以摩擦力非常小。

氣墊船的前進動力由船身上的風扇提供。因為不與地面或水面接觸，阻力非常小，所以氣墊船可以快速前進。

筷子吊米瓶

登山時穿的登山鞋鞋底紋路深而複雜，可以增加登山時的摩擦力。

1 找一個瓶口比較小的瓶子，在裏面裝滿米。

2 將一根筷子插入米中，再將筷子周圍的米用手壓一壓。

3 抓緊筷子慢慢往上提，筷子不會被拔出來。這個方法甚至可以吊起更重的瓶子！

原理

因為米粒被緊實地壓在了筷子周圍，產生了足夠大的摩擦力，所以筷子不易被拔出來。

你聽說過磁鐵「同極相斥，異極相吸」的現象吧！磁浮列車就是應用了這種原理的一種新型列車。

停在空中的磁浮列車

在列車底部和導軌上安裝電磁鐵，通過電流讓電磁鐵產生磁力就可以讓列車懸浮起來。懸空的車身與導軌間沒有摩擦力，讓本來巨大而沉重的車身變成連幾個小學生都可以推動。

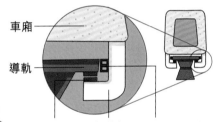

車廂

導軌

磁浮電磁鐵　　起落架　　導引電磁鐵

當車輛想要前進時，電腦會控制導引電磁鐵切換磁極，用磁極的引力或斥力使車輛行駛或剎停。

因為沒有與軌道接觸，磁浮列車不僅速度快、噪音小，也不會像傳統列車那樣顛簸。

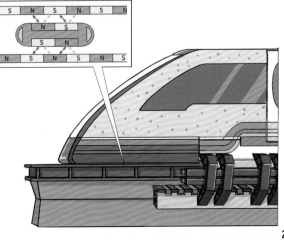

讓作用力效果大不同——壓強

這個尖尖的頭與奶茶杯的封膜表面接觸的面積很小，當用同樣大小的力壓吸管，力全部作用在這接觸面上，效果就會很強。

你剛才使用的是扁平的一端，吸管與封膜表面的接觸面積較大。如果用同樣的力來壓封膜，壓力分散了，用力的效果就大打折扣，無法做到一點突破。

壓力作用的效果不僅與力的大小有關，也與接觸面的面積有關，物理學上把兩者的比值稱作「壓強」。

同等壓力大小下，接觸面的面積越大，壓強越小。

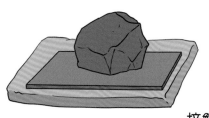

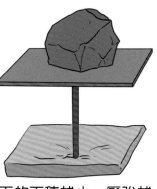

接觸面的面積越小，壓強越大。

任何物體的承受能力都有限度，一旦壓強太大，物體就會損壞。我們用手按壓氣球，壓強小，所以氣球不會破。

如果換成針，那與氣球的接觸面只有一點，用同樣的力，壓強非常大，氣球一下就破了。

在自然演變中，許多生物早已在應用壓強的原理。

真的嗎？

蚊子的口器仿如頭髮絲，談不上堅硬。但它非常細，所以壓強大，可以輕鬆刺穿人和動物的皮膚。

這小東西真厲害！

再例如沙漠中行走的駱駝，蹄子是有兩根腳趾的肉蹄，面積大，不容易陷入沙子中。

我的腳趾窄窄的……

哎呀，我陷進去了，救救我！

!!

總之，壓強與我們生活息息相關，理解壓強，才能更好地應用力。

明白了，我再也不會被吸管難倒啦！

小實驗

吹氣把你抬起來

❶ 找一個大膠袋，如垃圾袋，上面放上一塊結實的大木板。

❷ 墊起木板的一端，一個人坐在木板上，另一個人向膠袋中充氣。

❸ 隨着膠袋中的空氣變多，膠袋鼓起就會把人和木板頂起來。

原理

　　如果讓人直接站在膠袋上，壓力會集中在腳上，壓強過大，膠袋會變形、破掉，而且無法把人舉起來。但當人坐在木板上後，木板與膠袋的接觸面積很大，壓強較小，所以可以把人頂起來。

🔍 控制壓強的威力

根據壓強的定義，我們知道想要增大壓強時，可以加大壓力或減少接觸面面積；想要減少壓強時，可以減低壓力或增大接觸面面積。靈活變化這兩點，我們可以應對生活和工作中的各種需要。

為了可以在農田間鬆軟的土地上工作，拖拉機都有較寬大的車輪，這樣可以減少壓強，防止輪子陷入泥土中。

在田間耕耘的拖拉機

拖拉機大多為後輪驅動，因後輪要輸出非常大的動力，所以比前輪大得多，這樣能增大摩擦力。

拖拉機使用犁地機進行翻土作業，犁地機的鐵輪很薄，在接觸面有較大的壓強，可以輕鬆插入泥土內翻動。

拖拉機的前輪是導向輪，會比後輪小很多，這樣可以減小阻力，方便轉向。

軌枕最開始為木質，現在已經改為混凝土。

承重的鐵軌

火車是一種常見的交通工具，它的載重量大，可以運輸很多貨物。但如此沉重的車身，難道不會對地面造成損壞嗎？秘密就在鐵軌上。

鐵軌由兩根平行的軌道組成，下面排列着很多軌枕，可以把火車作用在鐵軌上的壓力分散開，減少壓強。

傳統鐵路下鋪有碎石，可以有效分散壓力，並方便排水。碎石的形狀都是不規則的，這樣可避免因鐵軌的震動而移位。

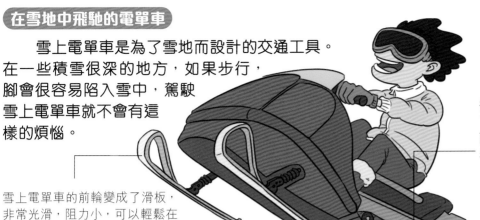

在雪地中飛馳的電單車

雪上電單車是為了雪地而設計的交通工具。在一些積雪很深的地方，如果步行，腳會很容易陷入雪中，駕駛雪上電單車就不會有這樣的煩惱。

後輪為履帶，接觸面變成了平面，比起輪胎的接觸面積更大，可以很好地附着在雪地上前進。

雪上電單車的前輪變成了滑板，非常光滑，阻力小，可以輕鬆在雪上滑行。而且滑板接觸面較大，使壓強較小，不容易陷入雪中。

穩定而精密的高鐵

因為高鐵速度快，要使用更加穩定地焊接在一起的鐵軌，所以底座為混凝土結構，這也可以分散壓力。

雖然高鐵的鐵軌使列車運行平穩，讓乘客感覺舒適，但承重能力有限，所以高鐵車廂數量有限制，並以載人為主。

施工用的電鑿尖端窄小，壓強很大，可以鑿破地面。

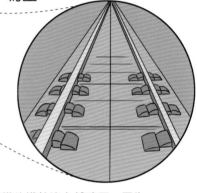

高鐵的鐵軌沒有鋪碎石，因為碎石可能會被高速行駛的列車捲起，打傷列車。

小知識

改變世界的火車

火車是英國人在十九世紀發明的，開始時僅用於煉鋼廠和採礦場，後來逐漸從貨運拓展到客運領域。當時以蒸汽機車為牽引動力的火車是世界上可載貨量最多、最方便的交通工具，大大促進了社會發展。為了普及火車，人們把鐵軌連接到世界各地。

越深越危險——液體壓強

近日，海洋學家使用最新型的科研潛艇對深海展開新一輪探索。

科學家拍攝到了很多珍貴的深海動物畫面，這裏是地球上的秘境，依然隱藏着很多未知的事物……

秘境？我也要去。

你這是去水上樂園嗎？

不，我要去深海探險。

你這樣的裝備去不了深海。

你會被深海的水壓壓扁的。

為什麼？

水壓是什麼？

我們用這瓶水來說明吧！首先，你覺得瓶子對桌子施加力了嗎？

有重力作用在水和瓶子上，桌子受到它們帶來的壓力吧！

那你覺得瓶中的水有沒有對瓶子施加壓力呢？

那……也有吧！

對，瓶子裏的每一滴水都會受到重力，水向下壓，擠在一起，水中的物體和瓶壁都會受到來自四面八方的壓力。

給你看個有趣的現象。我戳！

兩股水流，上面流得近而緩，下面遠而急，說明下面的水壓更大。

這是因為水越深，上面受到重力影響的水越多，壓力就會越大。

在水這樣的液體中，各個方向都有壓力，在同一液體深度，壓強的大小是相同的。

深度越深，壓強越大。

這個隨深度變化的水壓是非常誇張的。

水深的壓強是成倍增長的，水深增加一倍，壓強也會增加一倍。十米水深的壓強就是一米水深壓強的十倍。

如果你在水深一米身上就像背了五公斤米。

我的天呀！

等你到一公里深時，身上壓力就變成一輛五噸重的小貨車了。

除了深度之外，液體壓強還與液體的密度有關。海水的含鹽量大，密度比淡水高，所以水壓更大。

深海的魚類怎麼沒有被水壓扁呢？

因為深海魚身體構造特殊，體內有液體與外部的壓強抵消，這樣就不會被壓扁了。

但我們沒有那種身體構造，潛水員需要穿特殊的抗壓潛水服才能到深海，到更深的地方還要利用更加抗壓的潛艇。

你這樣的裝備就想去深海，還沒潛多深，可能就被壓扁了。

啊？太可怕了。

我的宏大計劃又泡湯了。

運用液體壓強的好方法

明白液體壓強的原理後，人們可以更好地應對它。比如在修建水壩時，將深處的堤壩修得更加寬厚，以應對更大的水壓，確保安全。

那有什麼好的方法運用水壓呢？我們身邊就有一種非常常見的應用方式——連通器。

液面高度一致的連通器

這種上端開口、下端相通的容器就叫「連通器」。在裏面加入液體，你會發現一個奇妙的現象——無論連通器上端造型如何，它們的液面高度總是相同的。

這是因為液體的壓強只與液體的密度和深度有關，連通器的下端彼此相通，壓強相同，所以液面的高度也相同。

一些住宅大廈會採用高位水池的供水方法，就是在頂樓或高處的某一層建一個下蓄水池，讓它向下供水。

先用水泵將水運輸到樓頂蓄水池，再向下供水，能使各戶人家用水通暢，也有助應對停水等特殊情況。

擁有連通器結構的東西隨處可見！

水壺的壺嘴為何至少和壺口一樣高呢？因為它也是一個連通器。壺嘴和壺口一樣高，水裝滿時就不會從壺嘴流出來。

當我們傾倒壺中的水時，壺嘴變矮、壺口變高，因瓶中水位保持一致時，壺嘴先低於水位，於是水就被倒出來了。

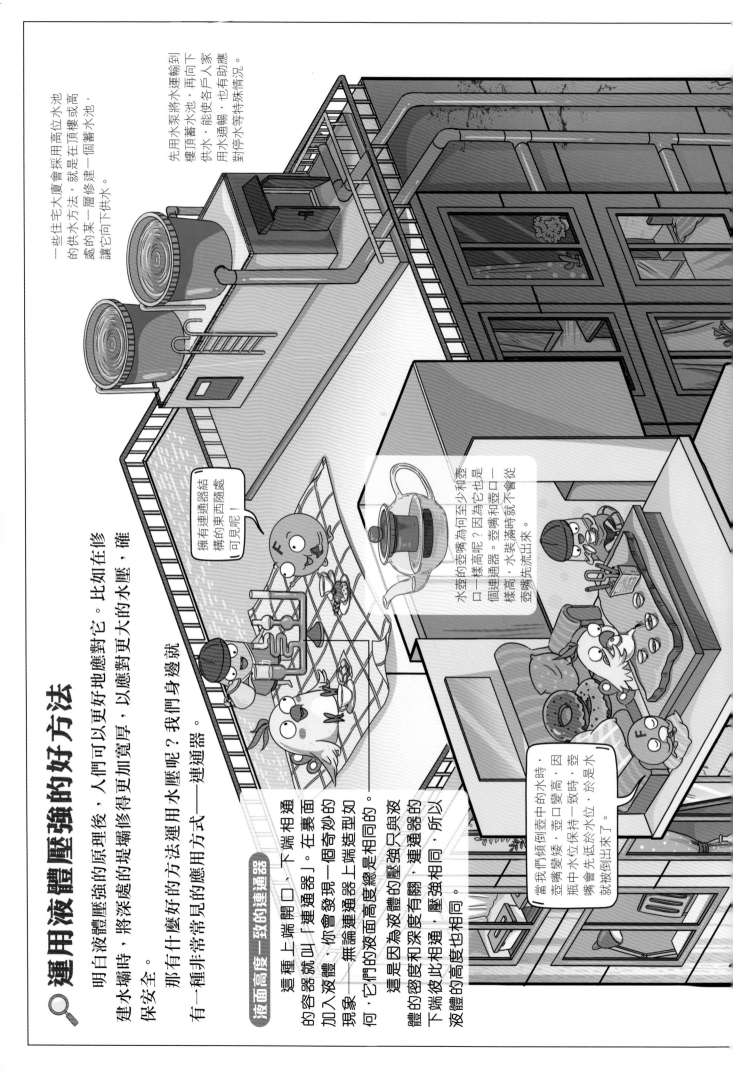

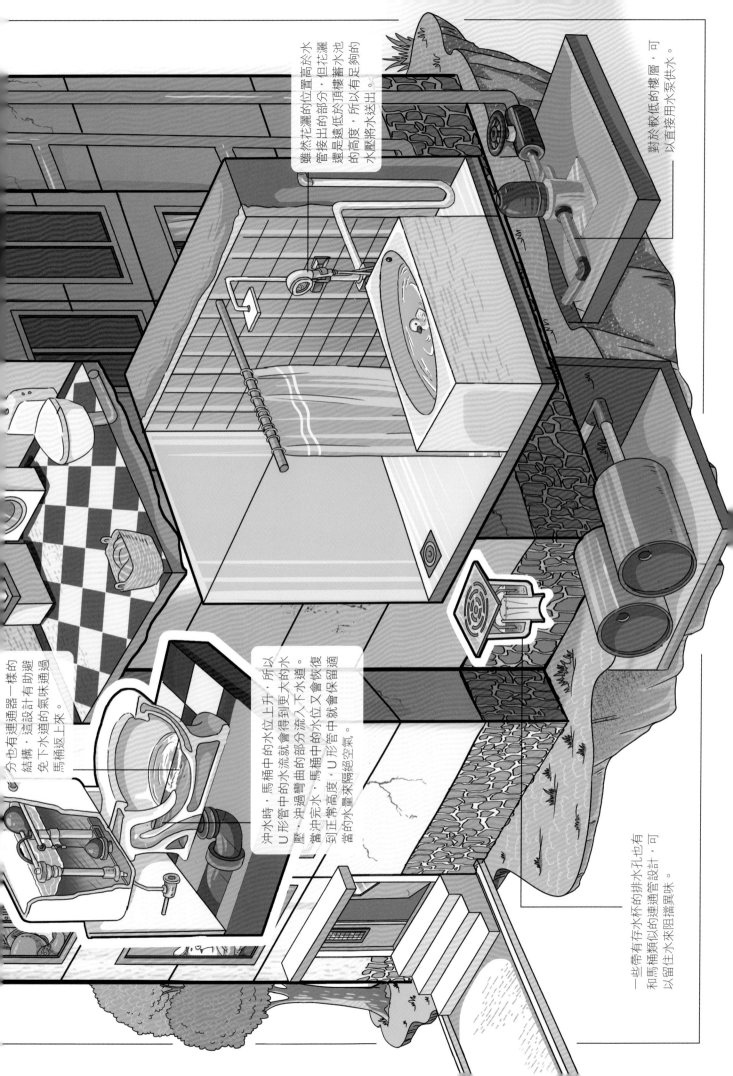

雖然花灑的位置高於水管接出的部分，但花灑還是遠低於頂樓蓄水池的高度，所以有足夠的水壓將水送出。

對於較低的樓層，可以直接用水泵供水。

沖水時，馬桶中的水位上升，所以U形管中的水流就會得到更大的水壓。當沖完水，馬桶中的水位又會恢復到正常高度，U形管中就會保留適當的水量來隔絕空氣。沖過彎曲的部分流入下水道。

結構，這設計有助避免下水道的氣味通過馬桶返上來。分也有存水連通器一樣的

一些帶有存水杯的排水水孔也有和馬桶類似的連通管設計，可以留住水來阻擋異味。

一直在身邊的大氣壓

忙了這麼久，終於能放鬆一下啦！

大海真美！

喝杯冷飲太愜意了。

他又在做什麼呢？

這飲料只喝了一點，就怎麼都喝不到了！

因為你喝的方法不對沒有正確利用氣壓。你看，他就沒問題。

氣壓？空氣還有壓力嗎？

大氣壓強

對，準確地說叫「大氣壓強」，簡稱「氣壓」或「大氣壓」。

可流動的水因為受到重力，所以對各個方向都有壓力。

我們周圍都是可流動的空氣，它們也受重力影響，所以也會產生類似的壓力。

你吸飲料時嘴裏的氣壓降低了，這樣瓶子中的氣壓高，飲料就跑到嘴裏了。

可是，你剛才喝飲料時用嘴把瓶子周圍都堵住了，新的空氣無法進入瓶中。當你吸氣到一定程度後，嘴裏和瓶中的氣壓相同，所以沒有空氣把飲料再推到你嘴中。

例如你以為用吸管喝水時，是你把水用吸管吸上來的。

其實是大氣壓幫你把水推上來。你吸吸管，會讓吸管中的氣壓變小，這樣周圍的氣壓就大於吸管中的氣壓，空氣壓動液體向吸管中移動，你就喝到水了。

空氣的壓力很大，因為覆蓋在地球上的空氣非常厚。

那我們不是早就被壓扁了嗎？

以海面上一平方米的面積來說，它承受的空氣壓力約為十萬N，相當於一輛大貨車的重力。

你還記得深海的魚嗎？我們也一樣，我們身體中也有空氣，所以氣壓是平衡的，你就感覺不到來自空氣的壓力啦！

地球的引力讓空氣聚集在地球周圍，在遠離地球的太空中沒有空氣，是真空狀態。如果太空人沒有穿太空衣的話，體內的氣壓就會把身體撐爆。

科學家最初提出氣壓和真空的概念時，有很多人不相信。於是當時羅馬帝國馬德堡市市長奧托·馮·格里克就做了一個舉世聞名的實驗。

他用黃銅鑄造了兩個空心半球，中間墊上橡膠密封圈，讓人把它們裝滿水後合併起來，然後抽掉水，使球內形成真空狀態。

之後他讓八匹大馬從兩頭拉這兩個半球，球很難被拉開，這證明了大氣壓的存在和它巨大的壓力。

認識到氣壓後，科學家們做了大量的實驗去了解它，伽利略的學生托里切利製作出了第一個水銀氣壓計。

人們測量氣壓，發現高度越高，氣壓越低，這是因為越高的地方空氣就越稀薄。

沒想到喝杯飲料，讓我了解到這麼厲害的知識。

35

🔍 大氣壓的神奇應用

氣壓的變化會帶來很多有趣的現象，例如我們身邊吹過的風，就是由空氣從高氣壓區域移動到低氣壓區域產生。人類製作的很多工具都利用了氣壓的變化。

吸塵機中的電動機驅動風扇轉動，將機內的空氣從排風口排出，機內的氣體壓強降低，外部較高的氣壓會將空氣推入吸塵口，從而將塵土和垃圾帶入吸塵機。然後經集塵袋過濾後，將塵土和垃圾留在其中。

吸走空氣的吸塵機

真空吸塵機

真空吸塵機靠降低吸塵機內的氣體壓強來運作。

直立式吸塵機

直立式吸塵機也是用排出空氣、降低內部氣體壓強的方式來吸塵。

很多直立式吸塵機的進氣口處裝有旋轉毛刷，可以拍打地毯，清理灰塵。

抽油煙機也有與吸塵機類似的結構，通過風扇降低內部氣壓，從而把油煙吸到煙道中，排出室外。

借助氣體壓力噴射的滅火筒

滅火筒可以噴出泡沫、粉末等物質，以隔絕氧氣，阻止燃燒。使用時，滅火筒需要強勁的噴射流，其動力就來自氣體壓強。

承受壓力的滅火物會從虹吸管推到噴嘴，再噴射而出。

使用時按下操縱桿，放氣閥會讓氣體注入滅火筒中的上部空間，讓這裏的氣體壓力變大。

為了確保在緊急時刻滅火筒可以正常使用，必須讓滅火筒中的氣體保持高壓。很多滅火筒上都有一個壓力錶，表示儲氣瓶的壓強。若壓強過低，代表滅火筒失效，需要更換了。

儲氣瓶
在滅火筒的儲氣瓶中裝有高壓的二氧化碳氣體。

飲水機出水時可以看到氣泡漂上去，這是因為空氣要進入瓶中，水才可以流下來。

小實驗

拉不出來的手套

哎呀！拉不出來！

① 用剪刀去掉空牛奶盒子的上半部。

② 把橡膠手套的手指部分放入盒中，腕部套在盒子上，並用寬膠帶固定住邊緣，確保固定牢固，盒子處於密閉的狀態。

③ 嘗試用手將手套拉出來。

原理

手套與盒子形成了密閉的空間，如果把手套拉出來，內部的空間會擴大，使氣體壓強減少。因外面的氣壓大，會把手套擠回去，所以無法把手套拉出來。

奇妙的流體速度與壓強

空氣可以流動。

水也可以。

物理學中……

對這類物質有個稱呼……

流 體

它們都叫「流體」。

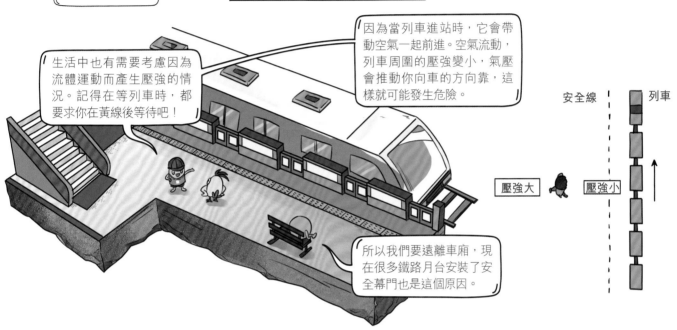

生活中也有需要考慮因為流體運動而產生壓強的情況。記得在等列車時,都要求你在黃線後等待吧!

因為當列車進站時,它會帶動空氣一起前進。空氣流動,列車周圍的壓強變小,氣壓會推動你向車的方向靠,這樣就可能發生危險。

安全線 ┊ 列車

壓強大 壓強小

所以我們要遠離車廂,現在很多鐵路月台安裝了安全幕門也是這個原因。

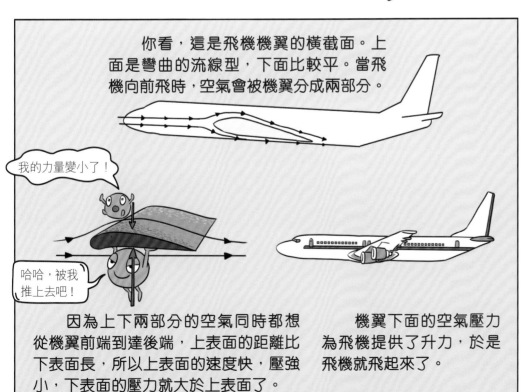

你看,這是飛機機翼的橫截面。上面是彎曲的流線型,下面比較平。當飛機向前飛時,空氣會被機翼分成兩部分。

我的力量變小了!

哈哈,被我推上去吧!

因為上下兩部分的空氣同時都想從機翼前端到達後端,上表面的距離比下表面長,所以上表面的速度快,壓強小,下表面的壓力就大於上表面了。

機翼下面的空氣壓力為飛機提供了升力,於是飛機就飛起來了。

總之,流體流動速度越大的地方,壓強越小,所以飛機起飛需要以極快的速度在跑道上起跑。

飛機是怎麼飛行的

　　現代的飛機通常由一對機翼來產生升力,依靠引擎產生前進的動力。除了特殊的造型之外,飛機的機翼上還有很多設計,以便善用流體速度來控制飛機。同時,飛機還可以用副翼、襟翼和方向舵來控制飛機飛行的姿態和方向。

巨大而複雜的客機機翼

　　體形龐大的客機無論在空中還是地面都要承受巨大並且不斷變化的力,所以大型客機都有着複雜的襟翼。

　　前緣襟翼和後緣襟翼分別是機翼的前端和後端的組成部分,它們可以展開來改變機翼的面積,讓機翼產生更大的升力或阻力。

起飛

　　起飛時,前緣襟翼展開,後緣襟翼升高,機翼面積增大。機翼上的空氣需要更快地移動到後端,升力增加,有助於起飛。

着陸

　　着陸時,機翼的擾流板打開,增加機翼上的阻力,空氣不能快速流動,升力減少。這時機翼的形狀會把飛機向下壓,方便輪胎着陸減速。

擾流板位於機翼頂端。

前緣襟翼

後緣襟翼

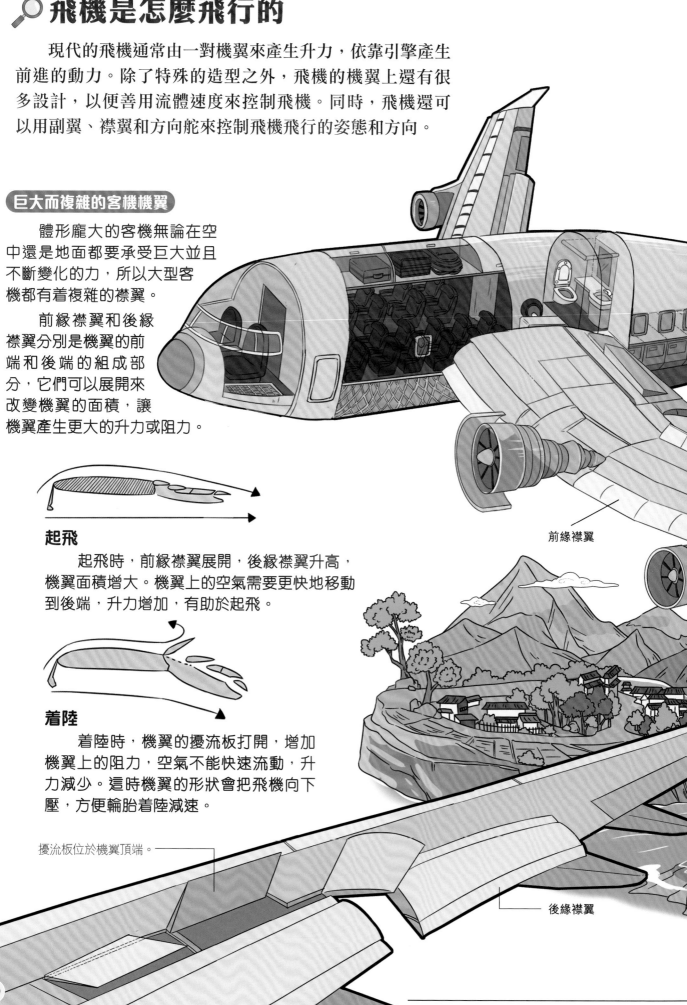

控制飛機的飛行

在飛機飛行過程中，駕駛員可以操作操縱桿和腳踏等來調整飛機上的部件，控制飛機的飛行姿態。

爬升和俯衝

水平尾翼上的升降舵用來控制飛機的爬升和俯衝，升降舵向上，飛機爬升；升降舵向下，飛機俯衝。

爬升

俯衝

旋轉

襟翼可以控制飛機的翻轉，襟翼抬升的一側機翼向下，襟翼落下的一側機翼向上，就可以旋轉機身。

熱氣球

熱氣球飛上天空的原理與飛機不同。因為加熱之後的空氣比冷空氣密度小，在浮力的作用下熱氣球就飛起來了。

鳥類

鳥類的翅膀也有和機翼類似的結構，神奇的大自然早就掌握了流體速度與壓強的秘密。

🔍 直升機飛行的奧秘

直升機也是一種常見的飛行器，從外表看，它與有固定翼的飛機完全不同，其實如果仔細研究為它提供升力的旋翼，就會發現它與飛機的機翼設計原理相似。

尾旋翼

單旋翼的直升機主旋翼旋轉時，會產生一種讓機身向相反方向旋轉的力量。這會讓直升機原地轉圈，無法控制。在尾部加上旋翼可以平衡這種力量，穩住機身，還可以控制轉向。

單旋翼直升機

旋翼的運作方式

直升機通過旋轉的旋翼來起飛，它是如何做出各種飛行動作的呢？其實旋翼有複雜的結構，可以讓旋翼和旋翼的槳葉做出細微的角度調整，從而讓直升機靈活飛行。

旋翼

直升機的旋翼一般有三至六片槳葉，槳葉的橫截面有和飛機機翼類似的形狀，所以當旋翼旋轉時，也可以產生升力，讓直升機飛起來。

旋轉軸

驅動旋翼槳葉和上旋轉盤的旋轉。

螺距調節桿

在上旋轉盤傾斜時，它可以升高或降低槳葉前端，從而改變旋翼槳葉的角度。

上旋轉盤

上旋轉盤與下旋轉盤之間由滾珠軸承連接，這樣上旋轉盤可以跟隨下旋轉盤的角度傾斜，同時可以與旋翼一起旋轉。

下旋轉盤

下旋轉盤不會旋轉，它連接着由操縱桿控制的連桿，通過連桿的升降可以讓下旋轉盤傾斜。

懸停

此時旋轉盤保持水平，旋翼槳葉的角度也相同，直升機有穩定的升力，在一定高度可保持位置基本不變。

垂直上升

上升時，旋轉盤會水平上移，提高旋翼槳葉的前端，增大旋翼槳葉角度，使升力加大。

向前飛行

向前飛行時，旋轉盤會前傾，旋翼槳葉的角度也會隨着改變。這會讓旋轉到後端的槳葉產生比前端更大的升力，讓飛機前傾並向前飛。

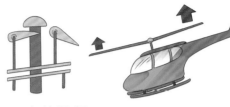

向後飛行

向後飛行時的情況與向前飛行相反，旋轉軸前端升力大，後端升力小，所以直升機後傾，向後飛。

雙旋翼直升機

　　一些大型直升機會採用雙旋翼的設計，這樣可以提供更大的升力。因為它前後旋翼的旋轉方向是相反的，不會出現單旋翼直升機機身旋轉的問題，所以不需要安裝尾旋翼。

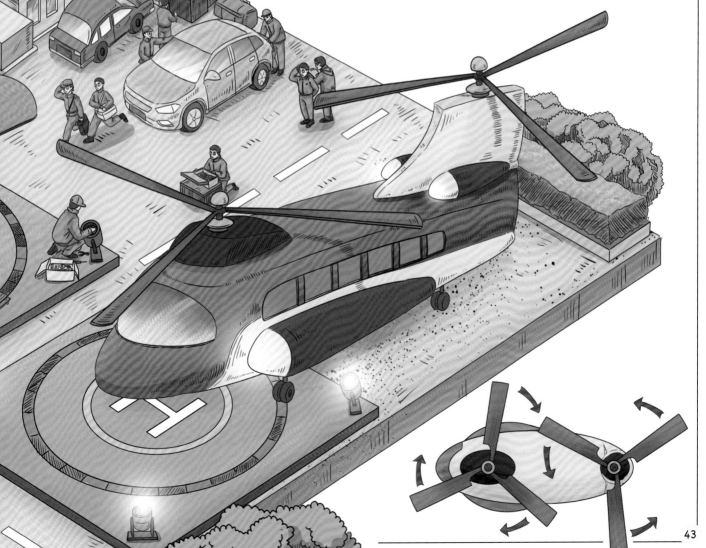

水中的神秘力量——浮力

熱死我了。

還是水裏涼快。

咦？身體在水中好像變輕了。

而且水越深，似乎變得越輕，在水裏跳也好省力。

為什麼船和套着救生圈的人可以浮在水面上呢？難道有誰在托着他們嗎？

那就是我——浮力。

要是沒有我，重力早就把你拉到水下了。

進入水中的物體會得到浮力的幫助，我們是在水中把物體向上推的力。

任何浮在水面上的物體都是因為浮力提供了一個向上的力，與向下的重力處於平衡的狀態。

我能幫助水裏的物體，是因為不同深度水中的壓強不同。水越深，壓強越大，所以物體下端來自水的壓力總大於上端，就產生了浮力。

那沉入水底的東西就沒有浮力幫助嗎？

只要進入水中的物體我都會幫它，只是有時重力比浮力大，物體就沉下去了。

物體一旦進入液體中就會受浮力的影響，但人們最初並不認識我，直到一位古希臘的偉大科學家——阿基米德發現了我。

據說在古希臘西西里島的敘拉古，希倫王命令一個匠人製作一頂純金的王冠。王冠做成後，希倫王擔心王冠並非純金。

於是希倫王找阿基米德來鑒定。

阿基米德卻一直想不到方法可以不破壞王冠來鑒定。

那時的古希臘人都很喜歡洗澡，於是阿基米德決定洗個澡放鬆一下再繼續想辦法。

當他進入裝滿水的浴缸時，水一下從浴缸邊溢了出來。阿基米德看到後茅塞頓開，歡呼着「我懂了！」衝了出去。

阿基米德製作了與王冠重量相等的一個金錠和一個銀錠，然後把它們分別放入注滿水的容器中，再稱量溢出的水，結果銀錠溢出的水量比金錠多。

如果王冠是純金製作，它放入水中後溢出的水量應該與金錠相同。可是，王冠所溢出的水量卻超過了金錠，證明匠人作假了。

由此，阿基米德發現了浮力。通過進一步的實驗，人們還知道了物體在液體中會受到向上的浮力，這個浮力的大小與排開液體所受的重力相等。這被稱為「阿基米德原理」。

通過阿基米德的實驗，可見物體在液體中所受的浮力與浸入液體中的物體體積有關，物體體積越大，排出的液體越多。

我們可以找一隻雞蛋放入水杯中，一開始雞蛋可能會沉入水底，逐漸向水裏加鹽，雞蛋便會慢慢懸浮在水中。因為加入鹽的水密度不斷變大，它所產生的浮力也變大了。可見，浮力也與液體密度有關。

🔍 浮力的應用

你知道嗎？高大沉重的石油平台居然是漂浮着的，堅固的鋼鐵巨輪也沒有因為太重而沉入海底，身形龐大的白鯨居然能自由地上浮和下沉⋯⋯太神奇了！這就是浮力的作用。讓我們一起看看藏在我們身邊的浮力吧！

浮在水面的工作台

一些石油平台也是靠浮力浮在海面上，人們用錨索把它固定在海洋上，來進行開採工作。

魚也會「溺水」

魚有一個器官叫「魚鰾」，通過控制魚鰾吸氣和放氣可以調節魚所受的浮力，使牠上浮和下沉。不過，魚鰾調節沉浮的能力有限，如果魚下沉過深，水壓會使魚鰾無法再充氣，魚就會「淹死」在水底。

正常的魚

溺水的魚

船體有一部分在水下，這部分被稱為「吃水」（俗稱「食水」）。在水下的船身所受的浮力等於船所受的重力，所以船可以浮在水面上。

神出鬼沒的「水下幽靈」

人類利用浮力的原理，製造出能在海裏穿梭的潛艇。它作為武器，不僅能在水下躲避敵人的攻擊，還能悄無聲息地擊沉水面船隻。

潛艇的沉浮原理

潛艇上有壓載水艙，通過調節其中的壓載水量，可以調節潛艇所受的重力，控制上浮和下沉。

當潛艇想要上浮時，便用壓縮空氣將水從壓載水艙擠出去，使重力變小，當重力小於浮力，潛艇便上浮。

當潛艇想要下沉時，便排出空氣並打開壓載水艙讓水進入。潛艇變重，受到的重力變大，當重力大於浮力，就會下沉。

鯨類的骨骼柔軟，牠可以壓縮身體和肺部，減少浮力以潛入水中。

帆船浮在水面的原理和一般的船相同，但它是靠風吹到船帆上的推力前進。

一些海洋養殖場依靠浮力浮在水面。

救生圈的體積很大，能夠產生較大的浮力。

船的尾部有螺旋槳，它旋轉時可以把水向後推，用推水的反作用力讓船向前行駛。

小實驗

聽話的沉浮器

❶ 找一個軟身的塑膠眼藥水瓶，注入一點水，放在水杯中。反覆調整眼藥水瓶中的水量，讓它剛好保持在水面位置半浮半沉，封好眼藥水瓶。

❷ 把密封好的眼藥水瓶放入一個灌了水的大飲料瓶中，蓋好大瓶的蓋子。

❸ 想讓眼藥水瓶下沉就用力捏飲料瓶，想要讓它上浮就鬆開飲料瓶。你會發現眼藥水瓶變成了一個聽話的沉浮器。快開始你的表演吧！

原理

用力擠壓飲料瓶時，壓力會通過水傳到眼藥水瓶上，瓶中的空氣就被壓縮了。眼藥水瓶的體積變小，所受的浮力也變小，於是開始下沉。當手鬆開時，眼藥水瓶的體積又會恢復，浮力變大，於是就浮了起來。